罕至之地的鲜活生命

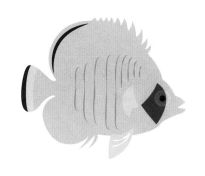

潜入珊瑚礁

探寻汹涌波涛下的150多种生物

感谢所有为拯救珊瑚礁而努力的人们，
感谢你们所做的一切。

感谢安娜·里德利和萨拉·福斯特
两位编辑对我的支持。

选题策划：北京浪花朵朵文化传播有限公司
出版统筹：吴兴元
编辑统筹：冉华蓉
责任编辑：马　燕
特约编辑：李永青
营销推广：ONEBOOK
装帧制造：墨白空间·闫献龙

读者服务：reader@hinabook.com 188-1142-1266
投稿服务：onebook@hinabook.com 133-6631-2326
直销服务：buy@hinabook.com 133-6657-3072
官方微博：@浪花朵朵童书

本书插图系原文插图

孕至之地的鲜活生命

[英]瓦西里基·佐玛卡 著

张园园 谭超 译

潜入珊瑚礁

中国友谊出版公司

目　录

什么是珊瑚礁

海洋中的雨林

珊瑚礁是主要由珊瑚堆积而成的石灰质岩礁，它们环绕海岸和岛屿，经历数百至数万年而形成。珊瑚礁是众多海洋动植物的庇护所，被称作海洋中的"雨林"。

虽然珊瑚礁覆盖了不到 1% 的海底面积，但它们是近 30% 的海洋物种的家园，为数百万人提供食物，并在海平面上升和风暴来临时保护他们的安全。

请看这幅世界地图，我们将要走访全世界 13 处珊瑚礁，探寻那些非凡的海洋生命，以及解释我们为什么要保护这些美妙水域的安全。

珊瑚礁的类型

根据珊瑚礁在海洋中所处的位置和礁体形态，可将珊瑚礁分为岸礁、堡礁、环礁、台礁、塔礁、点礁和礁滩。嗯……种类有点儿多，那就介绍最主要的三种吧。

岸礁，也叫作裙礁或边缘礁，生长在非常靠近海岸线的地方，有时与陆地连接。

堡礁生长在离海岸较远的地方，与海岸之间有较宽阔的浅海。

环礁呈环状，中间包绕着潟（xì）湖。它的形成原因是：很久之前，珊瑚礁在岛屿周围附着生长，之后岛屿下沉，就留下了环状珊瑚礁。

罗斯特礁

欧洲

大西洋

红海珊瑚礁

非洲

马尔代夫环礁链

印度洋

科摩罗群岛珊瑚礁

热带边缘礁

热带堡礁

热带环礁

冷水深海珊瑚礁

暖水珊瑚礁和冷水珊瑚礁

区分它们很简单：热带、亚热带浅海水域的珊瑚礁叫作暖水珊瑚礁，它们通常靠近陆地并接近海洋表面。

冷水珊瑚礁通常分布在更深的水域。对于科学家来说，虽然接近深海珊瑚礁要困难得多，但他们一直在探索这里的生命。

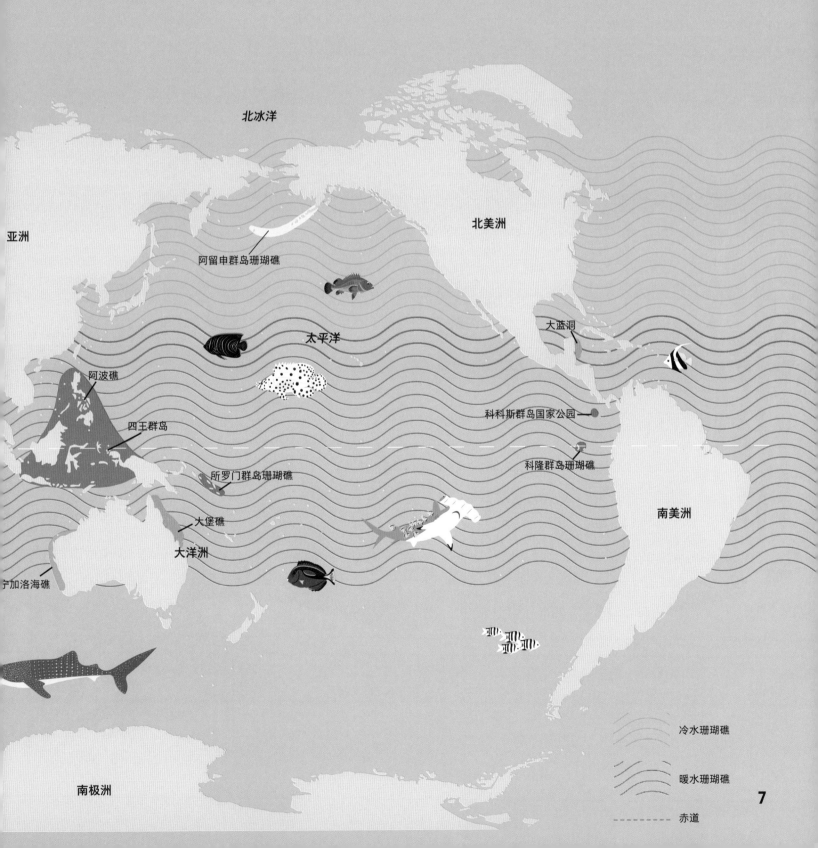

北冰洋

亚洲

北美洲

阿留申群岛珊瑚礁

太平洋

大蓝洞

阿波礁

四王群岛

科科斯群岛国家公园

科隆群岛珊瑚礁

所罗门群岛珊瑚礁

大堡礁

南美洲

大洋洲

宁加洛海礁

南极洲

冷水珊瑚礁

暖水珊瑚礁

- - - - - - - 赤道

珊瑚

非花亦非石

珊瑚既不是植物，也不是岩石，实际上是由珊瑚虫的石灰质骨骼堆积而成。珊瑚的种类很多，色彩丰富，形状、大小差异很大。珊瑚虫死亡后，石灰质骨骼堆积起来，后代又在上面繁殖。就这样，重叠堆积，随着时间推移慢慢变大，就形成了珊瑚礁。

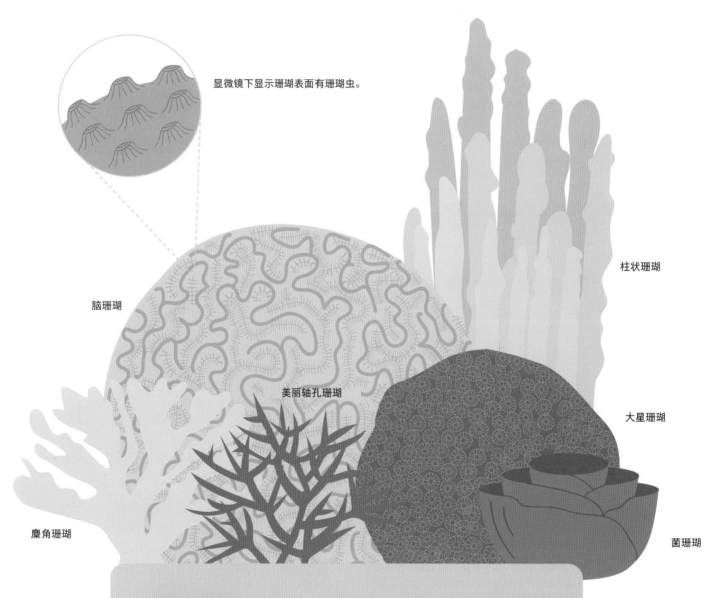

显微镜下显示珊瑚表面有珊瑚虫。

脑珊瑚

柱状珊瑚

美丽轴孔珊瑚

大星珊瑚

麋角珊瑚

菌珊瑚

造礁珊瑚

并不是所有的珊瑚都能形成珊瑚礁，造礁珊瑚是能形成珊瑚礁的一类珊瑚。

珊瑚的形状多样，有脑形、树枝形、鹿角形等。不同的形状能适应不同的环境。例如，脑珊瑚通常生长在巨浪翻滚的珊瑚礁上；由于美丽轴孔珊瑚等枝状珊瑚的"细枝条"可能会被海浪损坏，所以它们多生长在海浪较小的珊瑚礁上。

软珊瑚

和造礁珊瑚不同，软珊瑚没有坚硬的骨骼，经常被误认为植物。它们有肥厚的组织，柔软而有弹性，会随波摇摆。

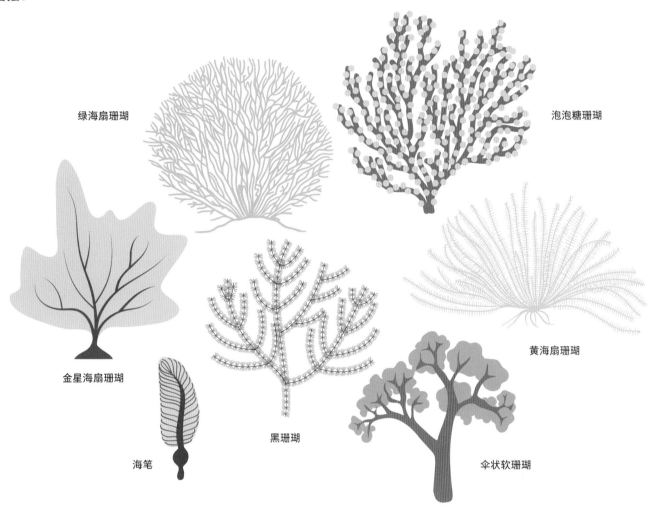

绿海扇珊瑚

泡泡糖珊瑚

金星海扇珊瑚

海笔

黑珊瑚

黄海扇珊瑚

伞状软珊瑚

珊瑚虫和浮游生物

大多数珊瑚虫白天都在睡觉。太阳下山时，它们才会醒来。它们会伸出触手去抓路过的食物——浮游生物。浮游生物非常小，以至于我们只能用显微镜才能看到它们。

珊瑚虫休眠

珊瑚虫苏醒

显微镜下的浮游生物

大堡礁

精致的平衡

　　澳大利亚东北部海岸的大堡礁是世界上最大的珊瑚礁群。北自托雷斯海峡，南至南回归线附近，全长 2000 多千米。这里生活着几百种造礁珊瑚，栖息着上千种鱼类以及其他各种海洋生物。健康的珊瑚礁上，捕食者和猎物之间的平衡非常重要，这样才能保证每种生物都能获得足够的食物。

鼬鲨的身上长着老虎皮样的斑纹，因此也叫作虎鲨。处于食物链顶端的鼬鲨，性情凶猛且贪婪，几乎会吃掉所有能找到的食物。

主刺盖鱼也叫作皇后神仙鱼，有很强的啃食能力，会大量啃食藻类、珊瑚和海绵。

蓝指海星的身体直径能达到 30 厘米，它们是雀尾螳螂虾的美味大餐。

波纹唇鱼也叫作苏眉鱼，是珊瑚礁上重要的捕食者。它们吃以珊瑚为食的有毒动物，如海星和海胆。

黄尾副刺尾鱼以藻类为食，遏制了藻类过度生长，这样可以防止珊瑚窒息，有助于维护珊瑚礁的健康。

雄性和雌性丝鳍拟花鮨紧紧相随。

丝鳍拟花鮨

马夫鱼

丝鳍拟花鮨和马夫鱼以浮游生物为食，通常会成群结队地游行。

大旋鳃虫
（圣诞树管虫）

雀尾螳螂虾拥有非常强壮的螯肢，能够出"拳"保护自己。它们吃小甲壳类动物和大旋鳃虫。

所罗门群岛

多样的生存环境

所罗门群岛的珊瑚礁由珊瑚、沙地、红树林和潟湖组成。多种生存环境的紧密结合，吸引了许多物种，也更便于科学家观察海洋动物的外表、行为和交流方式。请仔细观察以下这些海洋生物，你看到了哪些图案？

金色海猪鱼又叫作黄龙鱼，背上有斑点，看起来像眼睛，这有助于迷惑捕食者，让捕食者搞不清它们的游向。

蓝身大石斑鱼身上的斑点能帮助它们更好地隐藏在周围的环境中。它们会悄悄地做好埋伏，一旦有猎物经过，就张开大嘴，将猎物整个吸入口中。

花斑拟鳞鲀（tún）也叫作小丑炮弹鱼，身上的白色斑点能迷惑捕食者。从下方看它们，白色斑点很像波光粼粼的水面。

蜂巢石斑鱼因鳞片上的六角形图案而得名。这样的图案能帮助它们和周围的珊瑚、砂质海底融为一体。

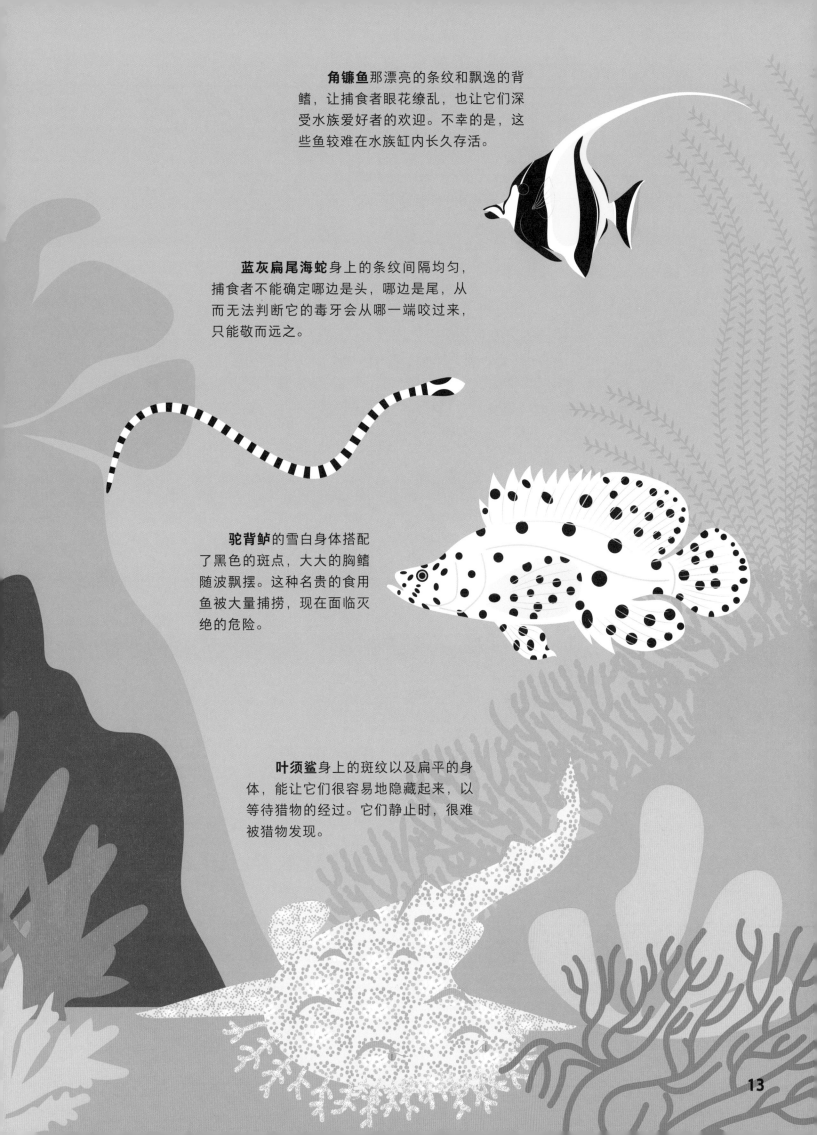

角镰鱼那漂亮的条纹和飘逸的背鳍，让捕食者眼花缭乱，也让它们深受水族爱好者的欢迎。不幸的是，这些鱼较难在水族缸内长久存活。

蓝灰扁尾海蛇身上的条纹间隔均匀，捕食者不能确定哪边是头，哪边是尾，从而无法判断它的毒牙会从哪一端咬过来，只能敬而远之。

驼背鲈的雪白身体搭配了黑色的斑点，大大的胸鳍随波飘摆。这种名贵的食用鱼被大量捕捞，现在面临灭绝的危险。

叶须鲨身上的斑纹以及扁平的身体，能让它们很容易地隐藏起来，以等待猎物的经过。它们静止时，很难被猎物发现。

夜探珊瑚礁
身怀绝技的夜行性鱼类

随着太阳落山，海水被黑暗吞没，日行性鱼类也随着日落而藏起来睡觉了。但此时的珊瑚礁却依然热闹，那些白天躲在洞穴或裂缝中睡觉的夜行性鱼类开始出来觅食。

这里有很多海洋发光生物。夜间活动的海洋生物通常具有在黑暗中发光的能力，这能帮助它们攻击猎物或者吓走捕食者。

与大多数夜行性鱼类一样，**长刺真鲷**的大眼睛能让它们在黑暗中看得更清楚。

鹦嘴鱼在睡觉前会吐出一层透明的黏液膜，把自己包裹起来。当猎食者戳破黏液膜时，鹦嘴鱼能立刻惊醒并逃跑。

翡翠蟹在晚上出来，蟹钳所及之处，所有能吃的食物都被一扫而光。

翡翠蟹

栉（zhì）水母

夜光游水母

澳洲松球鱼也叫作菠萝鱼，它们的下颌前端有发光腺，能发出微弱的灯光，夜间会把猎物直接吸引到嘴里。

栉水母和**夜光游水母**能发出美丽的荧光，以吓跑捕食者。

斑点九棘鲈会向**海鳝**摇动身体，以指示猎物的藏身之所，海鳝会把藏在珊瑚中的小鱼赶出来。就这样，它们组成了很好的狩猎团队。

海鳝

斑点九棘鲈

礁螯虾性情温和且胆小，白天都躲在岩石和珊瑚之间，直到晚上才出去找食物。

玳瑁
濒临灭绝的海龟

海龟科的玳瑁又叫作鹰嘴海龟，这是因为它们有鹰喙状的喙。这种尖而窄的喙能帮助它们吃到喜欢的食物——珊瑚礁裂缝中的海绵。玳瑁曾经出现在很多海域，后来因拥有漂亮图案的背甲而被人类猎杀，现为濒危物种。

危险的晚餐

除了海绵、甲壳类动物以及小鱼，玳瑁也喜欢吃水母。

不幸的是，对于玳瑁来说，漂浮的塑料袋看起来很像水母或海藻，这导致它们经常误食塑料袋。

玳瑁的壳非常坚硬，边缘呈锯齿状，这使得它们可以在不受伤的情况下挤过狭小的空间，也有助于保护它们免受鲨鱼、章鱼等捕食者的伤害。

海龟妈妈产卵

　　海龟几乎是在海洋里度过一生，只有在产卵期，海龟妈妈才会在夜间回到自己出生时的海滩，在那里挖洞产卵。

　　海龟卵被埋在洞里，几十天后会孵化成小海龟，小海龟从沙坑里出来的第一件事就是快速奔向大海。

海龟的种类

　　玳瑁是世界上发现的七种海龟之一。几乎所有的海龟都面临着生存危机。

1. 棱皮龟

2. 蠵（xī）龟

3. 绿海龟

4. 平背龟

5. 玳瑁

6. 太平洋丽龟

7. 大西洋丽龟

1.

2.

3.

4.

5.

6.

7.

四王群岛

生物多样性

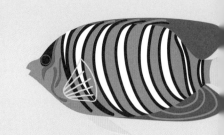

在西太平洋上有一个珊瑚礁区域，被形象地称为珊瑚三角区，这里是地球上生物多样性非常丰富的珊瑚礁生态系统之一。

其中四王群岛拥有上千种珊瑚礁鱼和几百种造礁珊瑚。这片区域尤其以神仙鱼而闻名，全球近 90 种神仙鱼，在这里几乎都能找到。

神仙鱼是**刺盖鱼科**的俗称，是珊瑚礁鱼类的主要类群之一。它们体色艳丽，游动优雅，是著名的观赏鱼类。

幼年主刺盖鱼跟随着两只成年主刺盖鱼。

神仙鱼只有在需要父母保护的幼年阶段，才会成群生活。它们长大后喜欢独居或成对生活。

由于神仙鱼不是很擅长游泳，所以主要生活在水流相对平缓的珊瑚礁浅水区。它们在这里可以啃食海绵、珊瑚虫和小型甲壳类动物。

马鞍刺盖鱼

双棘甲尻（kāo）鱼

因为神仙鱼的身体扁平，所以我们只能观赏到它们体侧的颜色和图案。

幼年半环刺盖鱼

蓝带荷包鱼

月蝶鱼

六带刺盖鱼

双棘刺尻鱼

阿波礁

红粉佳人

菲律宾的阿波礁位于珊瑚三角区的顶端，以粉红色的珊瑚而闻名。那里的浅水区和潟湖是许多物种的完美栖息地。不过，鱼儿多的地方，捕食者也多，因此很多物种进化出了独特的避险方式。

黄缘副鳞鲀有坚硬的背脊，能用来警告捕食者，也可以在睡觉时把自己卡在珊瑚中间。

钝额曲毛蟹（伪装蟹）

原瘤海星（巧克力片海星）

巴氏海马又叫作侏儒海马，体形很小，身长只有 2 厘米多。它们能把尾巴缠在珊瑚或者海草上，以防被激流冲走。

柳珊瑚是海马的绝佳藏身之处。

艾伦多彩海蛞蝓

芋螺蜷缩在坚硬的壳内以躲避捕食者。

条纹章鱼又叫作椰子章鱼，它们用腕收集贝壳，来遮盖藏身之处的入口。

科隆群岛
远离海岸的世外桃源

科隆群岛也叫作加拉帕戈斯群岛，是厄瓜多尔在太平洋东部的火山群岛。因为群岛距离海岸较远，所以并不是所有动物都能来到这里。岛上的哺乳动物、爬行动物和鸟类逐渐适应了这个与大陆隔离的生存环境，学会从海洋中获取食物，繁衍生息。

蓝脚鲣（jiān）鸟可以从大约 30 米高的空中俯冲入海，速度超过 90 千米 / 时。为了吸引异性，雄性会昂首阔步地炫耀自己那鲜艳的蓝色大脚。雄性的脚越蓝，越受雌性欢迎。

加岛企鹅在海岸线附近寻找食物的同时，要格外小心海狮、海豹等捕食者。

沙丁鱼群

加岛海狮可以在深达 600 米的水下待 10 分钟。它们会游到离岸 15 千米的地方寻找沙丁鱼，有时还会捕食珊瑚礁中的鱼类。

加岛海狗白天会躺着晒太阳，晚上会潜到礁石附近捕食乌贼和一种浮游生物——磷虾。

弱翅鸬鹚又名加岛鸬鹚，它们不能飞翔，只能在费尔南迪纳岛和伊萨贝拉岛的海岸上生活。它们会潜入大海，用锋利的钩状喙抓鳗鱼和章鱼吃。

弱翅鸬鹚

海鬣（liè）蜥是唯一能适应海洋生活的鬣蜥。它们的头部有盐腺，能把进食时获取的盐分储存起来。当盐腺被装满时，它们会通过打喷嚏的方式来排出盐分。

红唇蝙蝠鱼虽然不擅长游泳，但能用鳍在海底爬行。

红石蟹善于搜寻食物，不仅能在岩石上跳跃，还能朝任意方向快速移动。

科科斯群岛国家公园
水下"清洁站"

　　距中美洲的哥斯达黎加海岸几百千米的地方，是科科斯群岛国家公园。在这里，陡峭的珊瑚斜坡是鱼儿们开设的"清洁站"，小鱼会啃食一些海洋顶级捕食者的死皮，为它们提供彻底的清洁服务。这能帮助大型鱼类清除寄生虫，保持健康，所以不用担心小鱼此时的安全。

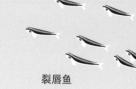
裂唇鱼

一条**双吻前口蝠鲼**（fèn）滑入"清洁站"，**约翰兰德蝴蝶鱼**和**裂唇鱼**为它做鳃部清洁。

一群**舟鲕**（shī）陪伴**灰三齿鲨**，从广阔的海洋来到这里。

绿海龟外壳上有绿藻和寄生虫，可以作为**约翰兰德蝴蝶鱼**和**雀点刺蝶鱼**的食物。这些清洁鱼的服务有时可达1小时。

雀点刺蝶鱼

约翰兰德蝴蝶鱼

24

路氏双髻鲨是"清洁站"的著名顾客。约翰兰德蝴蝶鱼会聚在一起，吃光它皮肤上的寄生虫。

裂唇鱼的体形很小，在"清洁站"中很常见。它们清洁大鱼的鳃、牙齿，以及身上的死皮，从中获得生长所需的营养。

在客流高峰期，大家必须排队等候清理。即使是灰三齿鲨这种什么都吃的独居鱼类，也会耐心地排队。

珊瑚礁中的小宝宝

保护后代，各有妙招

并不是所有的鱼类都能产卵，有些鲨鱼和鳐鱼会直接生出幼鱼。珊瑚礁里危机和生机并存，一些鱼儿不能整天待在那里，它们有聪明的方法来保护后代的安全。

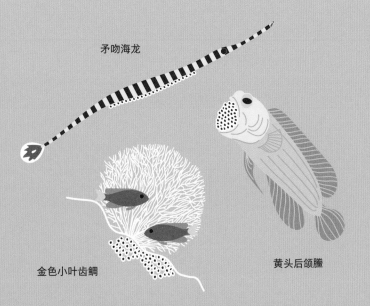

矛吻海龙

金色小叶齿鲷

黄头后颌䲢

有些鱼会把卵产在它们全力守护的巢中，例如**金色小叶齿鲷**（diāo）；有些鱼则把卵带在身边保护，例如雄性**黄头后颌䲢**（téng）会把卵一直含在嘴里，直到小鱼孵出。**矛吻海龙**则把卵放进腹部特殊的育儿囊里。

有些鱼类在幼年时期长得一点儿都不像父母，例如**巴西刺盖鱼**，它们有很强的领地意识。科学家认为，幼鱼和成鱼的外貌不同，这样幼鱼能避免被其他种类的成鱼驱逐出境。

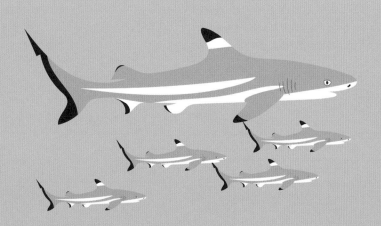

乌翅真鲨一次能产下 2～4 只幼鲨。成年雌性聚集在温暖的浅水区分娩，可以使幼鲨免受捕食者的伤害。幼鲨群居生活，待长大后会进入更深的水域生活。

分裂生殖

一些海星拥有一种非常特殊的能力——可以使肢体再生。它们的身体受损或"自切"后，能自然再生，分开的部分会各自生成完整的海星。

吻海马，模范好爸爸
育儿囊的奇迹

在很多热带珊瑚礁中都能找到吻海马。和其他海马一样，吻海马由雄性生育后代。 海马妈妈将卵释放到海马爸爸的孵卵囊里，爸爸释放精子，产生的受精卵在爸爸的孵卵囊里慢慢孵化成小海马。孵化完成后，海马爸爸就会将小海马从孵卵囊里排出来。

吻海马一次大约产出 700 只小海马。小宝宝们出生时的长度约为 6 毫米，它们一旦离开爸爸的孵卵囊，就要独自生存，四海为家。那些活到成年的吻海马，可以长到 17.5 厘米左右。

阿留申群岛

海藻"森林"，保持活力

阿留申群岛海岸附近的浅岩礁上覆盖着带状海藻森林。这些海藻可以长到 50 多米高，能像陆地上的植物一样吸收二氧化碳，排出氧气，这有助于减缓全球变暖。

海藻森林是很多海洋生物的庇护所和能量补给站，却大面积被**紫色海胆**啃食。**海獭**（tǎ）和**向日葵海星**会捕食海胆，能一定程度上挽救海藻森林。

冷水鱼
菜单上的美味

阿留申群岛附近的珊瑚礁吸引了许多冷水鱼来安家落户，它们是人类餐桌上的美味佳肴，但为了避免破坏稳定的食物链，我们不可过度捕捞。

多线鱼的生长速度很快。它们会集结成大型鱼群巡游，以降低被捕食的风险。

太平洋鳕鱼（大头鳕）体长可达 1.8 米，常集结成大型鱼群。

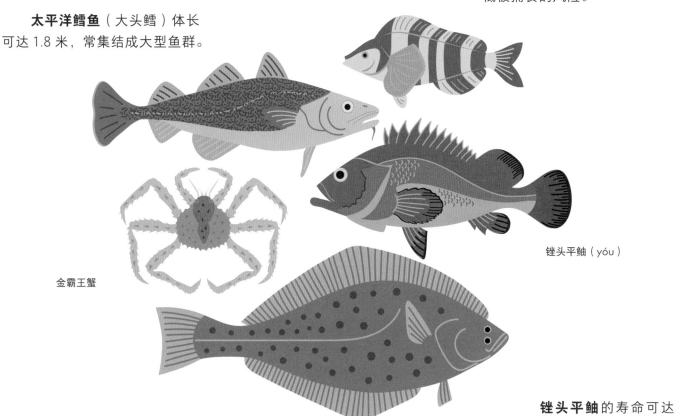

金霸王蟹

锉头平鲉（yóu）

金霸王蟹在七百多米深的海里都能存活。它们主要生活在珊瑚礁附近，那里有充足的食物和绝佳的藏身之处。

狭鳞庸鲽（dié）又叫作太平洋大比目鱼，可以长到 2 米长。它们平时隐藏在海底，在猎物经过时才会跳出来捕食。

锉头平鲉的寿命可达 150 岁。它们一旦选择了一片岩礁作为自己的领地，就会在那附近待一辈子。

过度捕捞

有些捕捞方式会对海洋生态系统造成毁灭性的破坏。例如拖网的使用会使一些不适合食用的鱼类也被一网打尽，拖网还会破坏海床和珊瑚礁。所以，确保食用鱼的可持续性捕捞非常重要。

罗斯特礁

寒冷、古老、未受干扰

　　挪威海位于挪威的西北方，那里的罗斯特礁是世界上最大的欧兰薇雅葵珊瑚林的家园。珊瑚林分布在海平面以下三四百米深的水域，那里的水温在寒冷的2℃左右。其中的动物居民早就适应了寒冷与黑暗的海洋环境，数千年来一直依赖珊瑚礁所提供的食物和庇护所而生存。

　　因为在深海接收不到阳光，所以**欧兰薇雅葵珊瑚**生长得非常缓慢。科学家们推断1.5米高的珊瑚群已经超过250岁了。

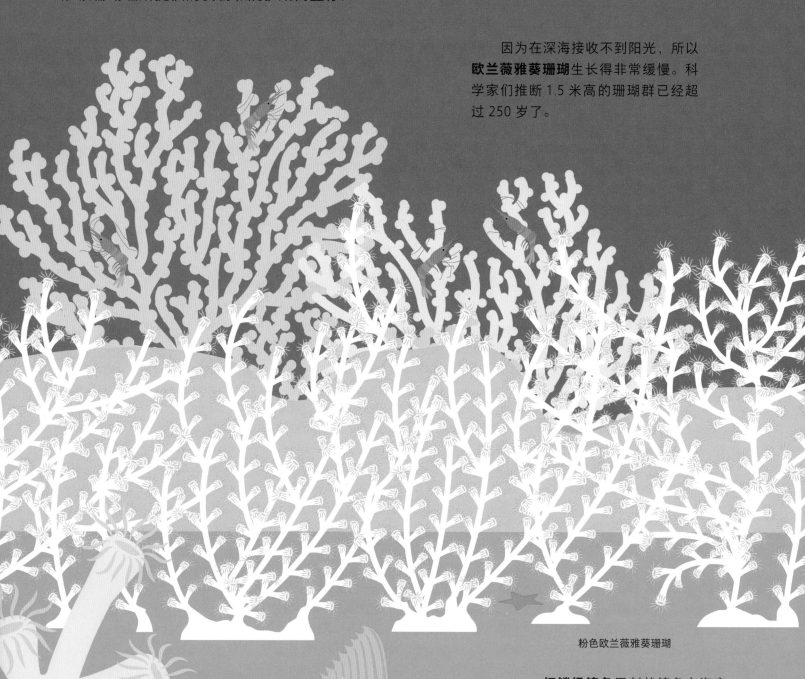

粉色欧兰薇雅葵珊瑚

细鳞绿鳍鱼用刺状鳍条在海底爬行，寻找食物。它们的胸鳍长而宽大，张开后就像一对翅膀，能让它们飞一般前行。

黄色欧兰薇雅葵水螅

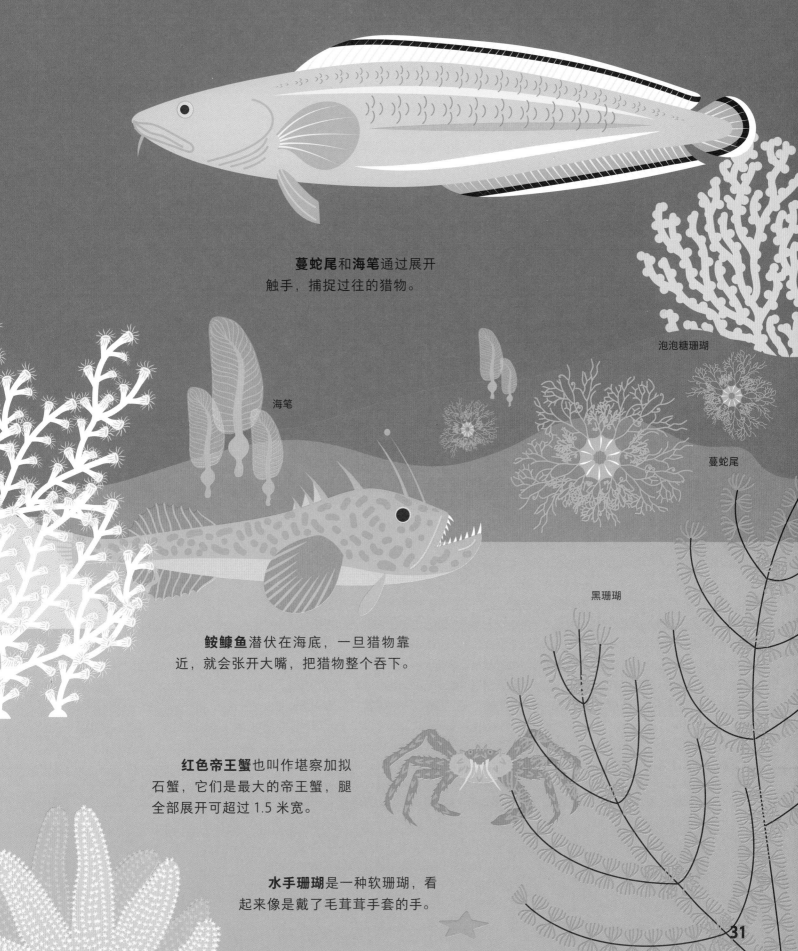

泡泡糖珊瑚和**黑珊瑚**通常生长在欧兰薇雅葵珊瑚附近。别被"黑"这个字误导了，黑珊瑚是橙色或黄色的，看着很明亮，只有骨骼是黑色的。

单鳍鳕不擅长游泳。它们生活在海底附近，以避免被包括人类在内的捕食者捕获。

蔓蛇尾和**海笔**通过展开触手，捕捉过往的猎物。

海笔

泡泡糖珊瑚

蔓蛇尾

黑珊瑚

鮟鱇鱼潜伏在海底，一旦猎物靠近，就会张开大嘴，把猎物整个吞下。

红色帝王蟹也叫作堪察加拟石蟹，它们是最大的帝王蟹，腿全部展开可超过 1.5 米宽。

水手珊瑚是一种软珊瑚，看起来像是戴了毛茸茸手套的手。

大蓝洞

带你深入蓝色秘境……

大蓝洞位于伯利兹大堡礁中心附近，洞宽约300米，深约120米。洞底几乎没有生物，但在加勒比海发现的鲨鱼和鳐鱼会出现在大蓝洞靠近海面的地方。

黄尾笛鲷

尽管无斑鹞（yào）鲼的尾巴后面长有尖锐的刺，但它们还是会被鲨鱼捕食，现在面临灭绝的危险。

黄尾笛鲷和黑眼鲹（shēn）在加勒比海数量繁多，常集结成大型鱼群游动。当它们察觉到有大鱼靠近时，就会赶快躲起来。

长棘毛唇隆头鱼有像猪一样的鼻子，所以也被称为猪头鱼。它们喜欢生活在岩礁上的柳珊瑚附近，也喜欢冒险进入更深的水域。

黑眼鲹

大蓝洞是怎样形成的？

大蓝洞是一个巨大的海洋洞穴，其中有12米长钟乳石和石笋。科学家们认为，这里数千年前曾是一个石灰洞，后来逐渐被海水灌满，成为水下石灰岩洞穴。

加勒比真鲨喜欢在黑暗的洞穴中休息，看起来就像睡着了一样。

大舒（yú）是一种凶猛的鱼，游泳速度非常快。它们用强壮的颌和锋利的牙齿咬住笛鲷、鳜等较小的鱼。

海礁里的无脊椎动物
它们没有脊柱

动物可分为脊椎动物和无脊椎动物。无脊椎动物体内没有由脊椎骨组成的脊柱，可以分为海绵动物、腔肠动物、扁形动物、环节动物、软体动物、棘皮动物、节肢动物等。它们形态各异，生存方式多种多样。

海星、海胆和海参都是**棘皮动物**，它们在海床上的移动速度非常缓慢。有些棘皮动物，比如海胆，身上布满又尖又长的棘刺，使得捕食者望而却步。

水母、珊瑚虫和海葵是常见的**腔肠动物**。腔肠动物也叫作刺胞动物，它们的触手上有独特的刺细胞，能捕捉食物和保护自身免受捕食者的攻击。

夜光游水母

珠链单鳃海星

红虾

海螺、海蛞蝓和乌贼都是**软体动物**，它们有柔软的身体。而有些软体动物有坚硬的外壳，如牡蛎和蛤蜊。

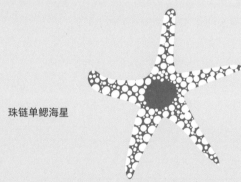

虾和螃蟹都属于**节肢动物**。节肢动物体表常有坚韧的外骨骼，能保护它们柔软的身体。

威廉多彩海蛞蝓

海绵动物能过滤海水，是珊瑚礁生态系统的重要组成部分。海绵可以生长得很快并能存活数百年。海绵的形态各异，有的像花瓶，有的像管子，有的像水桶。有的海绵很小，而巨型桶状海绵大到里面足以能容纳一个人。

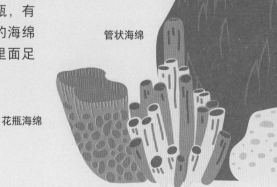

桶状海绵

管状海绵

花瓶海绵

穿孔海绵

岩礁鱼类
生活在水里的脊椎动物

鱼类是脊椎动物，它们和人类一样也有脊柱。骨骼多为硬骨的鱼叫作硬骨鱼，骨骼全部由软骨组成的鱼叫作软骨鱼。生活在海礁处的小鱼，大多为硬骨鱼，鲨鱼、鳐鱼等为软骨鱼。

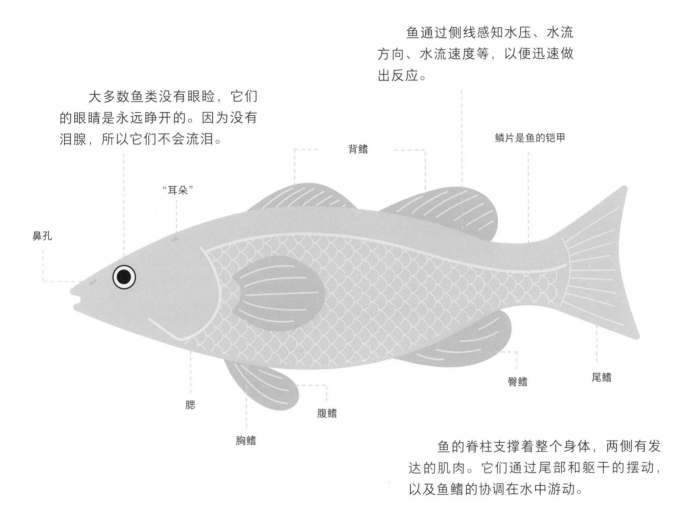

鱼通过侧线感知水压、水流方向、水流速度等，以便迅速做出反应。

大多数鱼类没有眼睑，它们的眼睛是永远睁开的。因为没有泪腺，所以它们不会流泪。

鳞片是鱼的铠甲

背鳍

"耳朵"

鼻孔

腮

胸鳍

腹鳍

臀鳍

尾鳍

鱼的脊柱支撑着整个身体，两侧有发达的肌肉。它们通过尾部和躯干的摆动，以及鱼鳍的协调在水中游动。

鱼在水中如何呼吸和上浮、下降的?

鱼用**鳃**呼吸。鳃的主要部分是鳃丝，鳃丝中有很多毛细血管。水从口中流进，溶解在水里的氧渗入鳃丝中的毛细血管，而血液里的二氧化碳从毛细血管渗出，排到水中。

鱼鳔里面充满空气，不仅能辅助呼吸，还能帮助鱼在水中上浮和下降。

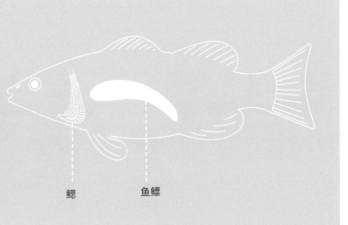

鳃

鱼鳔

红海珊瑚礁

大自然的宝藏

　　一些罕见的物种隐秘生活在红海北部的珊瑚礁里。令人欣慰的是，为了保护这些红海独有的海洋生物，这片珊瑚礁已被划入埃及的国家公园。

　　色彩鲜艳的**八线副唇鱼**整天都在寻找食物。当太阳落山后，它们会快速躲起来。

　　红海刺尾鱼也叫作阿拉伯外科医生鱼，这是因为它们的尾柄上的硬棘像外科手术刀一样锋利。保卫领地时，它们会显得非常有攻击性。

　　红海花园鳗生活在珊瑚礁周围的沙质海床上。它们把尾部插入沙中，成群地"扎根"在海床上，像海草一般随波摇摆，等待猎物的到来。

怪蝴蝶鱼常成对出行去找珊瑚来享用。它们有很强的领地意识，一旦找到了食物，就会把那片区域划为自己的专属领地。

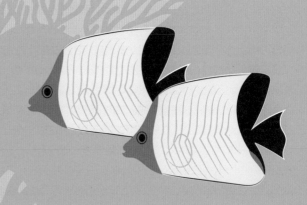

温和的**红海黄金蝶鱼**成对游动，相伴一生。

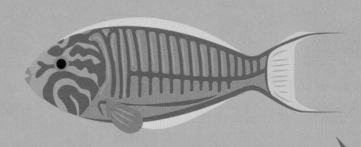

人类目前只在红海发现了**鲁氏锦鱼**，它们的好奇心很强，有时会接近潜水者。

幼年时期的**黑斑鹦嘴鱼**全身"锈迹斑斑"。成年后，鳞片会变成明亮的蓝色和绿色等。

幼年黑斑鹦嘴鱼

珊瑚礁上的共生

不寻常的合作

不同生物相邻而居，也许是"老死不相往来"，也许会产生密切的关系。不同生物之间因食物、栖居场所等产生的密切关系，就是共生关系。

互惠互利的共生关系就是互利共生，只有一方受益的就是偏利共生。

虫黄藻是一种微小的藻类，生活在**珊瑚虫**中。虫黄藻利用阳光进行光合作用，为珊瑚虫提供营养物质。作为回报，珊瑚虫为虫黄藻提供安全的栖身之所。

虫黄藻

珊瑚虫和虫黄藻的特写图

䲟（yìn）鱼用头上的吸盘将自己吸附在鲨鱼等大型鱼的身上，这样就可以搭着"海洋便车"，随时吃宿主的残羹剩饭了。

吸盘

鱼虱寄生在鱼的皮肤上，并吮吸鱼的血液。如果较小的鱼身上有很多鱼虱，可能会死亡。

小丑鱼
美好家园

双锯鱼也叫作小丑鱼，和海葵有着特殊的共生关系——小丑鱼生活在海葵中，以获得住所和保护；作为回报，小丑鱼不仅会吓跑其他前来捕食的鱼类，还为海葵提供营养。

小丑鱼的排泄物富含海葵生长所需的营养物质。

小丑鱼生活在**公主海葵**中。小丑鱼体表覆盖着一种特殊的黏液，可避免被海葵的有毒刺细胞蜇刺。

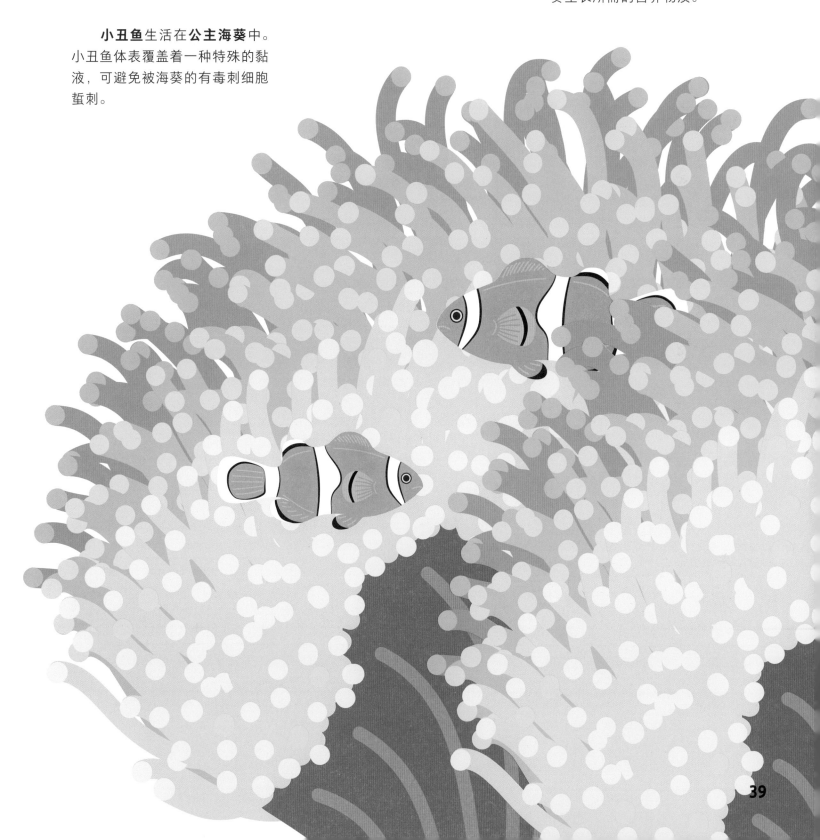

科摩罗群岛

希望之礁

莫桑比克海峡蕴藏着丰富的海洋生物。柳珊瑚在海底沙地上营造出天然的拱门，吸引了许多来自印度洋的鱼类。相比其他地区的珊瑚，这里的珊瑚对气候变化并不敏感，科学家们正在研究其中缘由，希望找到更多的办法来保护海洋生物的安全。

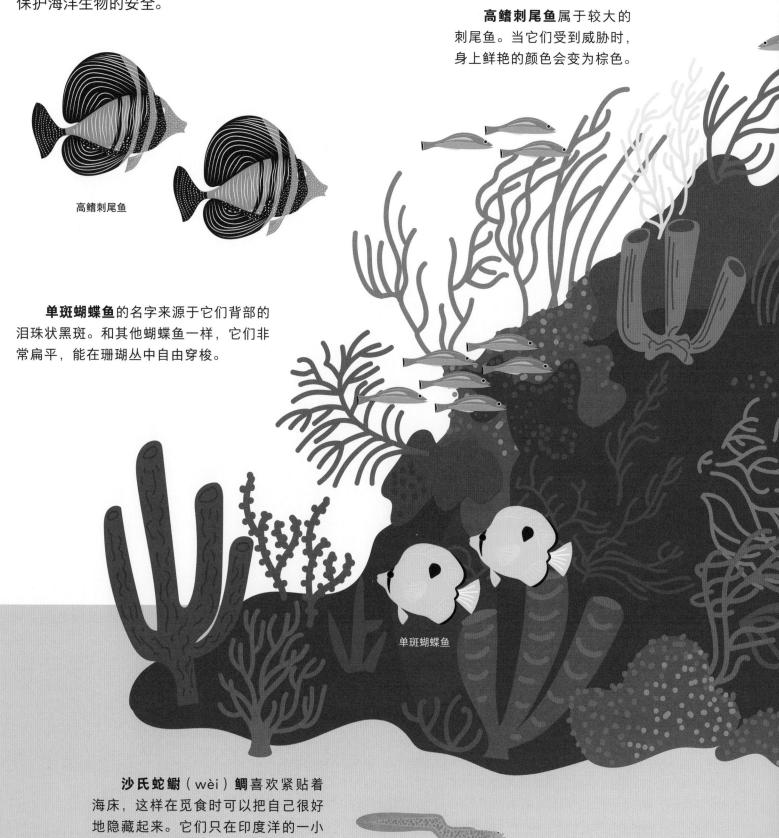

高鳍刺尾鱼属于较大的刺尾鱼。当它们受到威胁时，身上鲜艳的颜色会变为棕色。

高鳍刺尾鱼

单斑蝴蝶鱼的名字来源于它们背部的泪珠状黑斑。和其他蝴蝶鱼一样，它们非常扁平，能在珊瑚丛中自由穿梭。

单斑蝴蝶鱼

沙氏蛇鳚（wèi）鲷喜欢紧贴着海床，这样在觅食时可以把自己很好地隐藏起来。它们只在印度洋的一小块区域中被发现过。

40

非洲铅笔鱼的雄性和雌性外观大为不同。雌性体形较小，呈粉红色；雄性更大，色彩更艳丽。

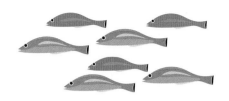

特氏紫鲈受到惊吓时，皮肤可释放大量毒素。身上的黄色条纹是对捕食者的警告，表明自己并不好吃。

粒突箱鲀被形象地称为黄盒子鱼，受到威胁时会释放毒素。它那鲜亮的体色能用来警告捕食者：离远点儿！

秀丽鼻鱼在靠近尾部的地方有凸起的锋利骨质硬刺，能起到防御的作用。

马尔代夫环礁链

群居独处两相宜

马尔代夫环礁链由 26 组环礁和数百个小岛组成。数百万年间，火山缓慢下沉，珊瑚依附火山不断生长，就逐渐形成了环礁。这里有丰富的鱼类，有些喜欢结群出游，有些喜欢悠然独行。

截尾栉齿刺尾鱼有毛刷般的牙齿，可以刮食礁石中的海藻。它们的体色会随着成长而变化，从粉红色变成蓝色。

无鳞烟管鱼光滑无鳞，喜欢独自生活。它们有管状的吻，口在吻管的顶端，可以从海底吸取小鱼。

叉斑锉鳞鲀又叫作鸳鸯炮弹鱼，喜欢单打独斗，并会坚定地捍卫自己的领土——有些甚至能保卫一块领地长达 8 年之久。

虽然**条斑胡椒鲷**很享受成群生活的快乐，但它们之间也会为了美味的小鱼和甲壳类动物而争斗。

横带刺尾鱼身上有纵向黑色条纹，喜欢啃食珊瑚和岩礁上的海藻。在马尔代夫的所有环礁中，都能发现由它们聚集成的大型鱼群。

横带刺尾鱼

黑鳃刺尾鱼也叫作粉蓝倒吊，善于社交，并且一整天都在忙着用它们的小牙齿刮取珊瑚上的藻类。

红小丑鱼只在马尔代夫环礁链中生活。它们喜欢群居，经常在**公主海葵**中穿梭。

43

我有毒！请远离

有毒的生物

想要在珊瑚礁中生存下去，鱼儿必须要有抵御捕食者的能力。它们有的具有毒液，通过咬或刺将毒液注入捕食者体内；有的则用鲜艳的体色来警告捕食者：有毒！请远离！

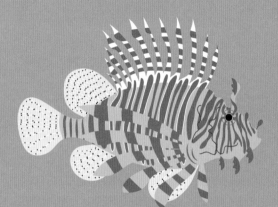

蓑鲉俗称狮子鱼，身上明亮的条纹能向捕食者发出自己有毒的警告。

密斑刺鲀遇到敌害时会大口吸入海水，身体会膨胀到原来的 2 倍，让猎食者无从下口。而且，由于它们的一些器官有毒，所以会让那些设法吃掉它们的动物中毒瘫痪。

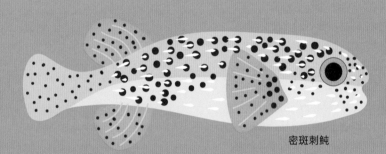

密斑刺鲀

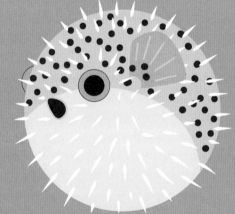

遇到敌害时的
密斑刺鲀

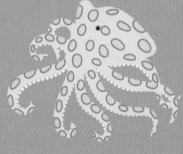

蓝环章鱼用身上耀眼的蓝色圆环来发出警告：自己拥有致命武器，体内的剧毒足以让捕食者丧命。

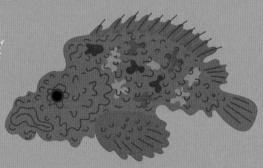

玫瑰毒鲉也叫作石头鱼，是世界上毒性最强的鱼。当它们的背鳍棘刺入捕食者或者猎物的体内时，毒液就从毒囊里挤压出来，注入对方的体内。

防御有术
额外的安全措施

　　并不是所有的海洋生物都可以依靠毒液来保护自己。那些没有毒液的海洋生物，逐渐进化出了一些生存绝技，来帮助自己隐藏、防卫或赢得逃跑的时间。

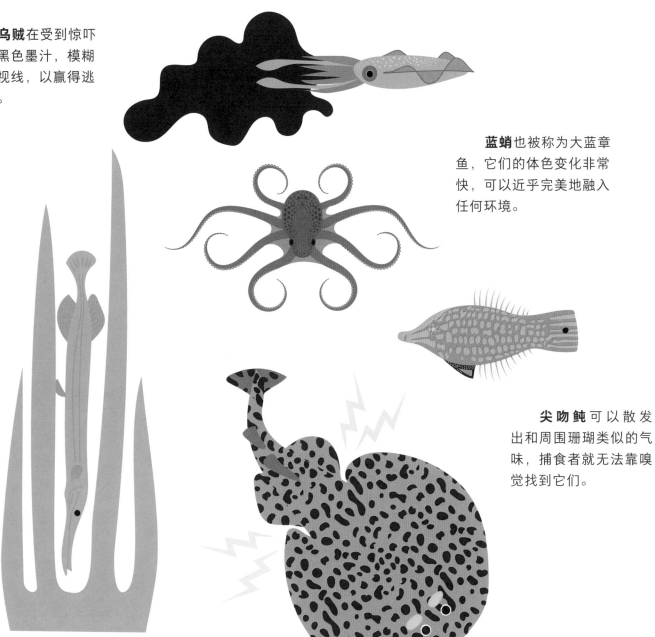

银磷乌贼在受到惊吓时会释放黑色墨汁，模糊捕食者的视线，以赢得逃跑的时间。

蓝蛸也被称为大蓝章鱼，它们的体色变化非常快，可以近乎完美地融入任何环境。

尖吻鲀可以散发出和周围珊瑚类似的气味，捕食者就无法靠嗅觉找到它们。

管口鱼不仅能根据周围的环境来改变体色，还能将头朝下、尾朝上倒立，看起来就像一棵海草。

电鳐能产生电流，对靠得太近的捕食者施以电击。

喧闹繁忙的珊瑚礁

健康珊瑚礁的状态

　　健康的珊瑚礁里特别热闹，海洋动物们来来往往，发出各种声音交流。有些声音是危险提示警报，有些声音能引出潜在的伴侣。喧闹的珊瑚礁会吸引其他物种聚集定居。

膨腹海马又叫作大腹海马，觅食时会来回摇头，通过发出咔嗒声和咆哮声，与周围的海马交流。

光灿礁蟾鱼发现附近出现海豚等捕食者时，会发出呼噜声警示同伴。

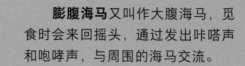

鞍背小丑鱼会发出啁啾声和砰砰声。它们还擅长叩击牙齿发出噪声，以此吓跑捕食者。

46　　　　　　　　　　　　　　　　　地毯海葵

所有岩礁鱼类中发出声音最大的是**直鳍犬牙石首鱼**。雄性把鱼鳔当作鼓，发出和喷气发动机一样嘈杂的声响，以此来吸引雌性。

蓝仿石鲈通过磨牙发出咕噜声。

黑条锯鳞鱼在夜间狩猎。如果感觉周围有危险，它们会发出咕噜声和咔嗒声，向同伴传达危险警告。

枪虾又叫作鼓虾，迅速闭合大螯时发出的声响非常大，激起的高速水流足以击晕猎物。

高腰海胆又叫作蓝礼服海胆，有很大的牙齿。它们用牙齿刮取海礁和珊瑚上的海藻时会发出很响的噪声。

宁加洛海礁

水下大联盟

宁加洛海礁是世界上最大的裙礁。它沿着澳大利亚西海岸绵延 200 多千米。珊瑚礁周围的海水浅且温暖，但向外延伸的海床的坡度陡然增大，这使得生活在较深水域的大型生物能够靠近珊瑚礁。

长吻原海豚跃出水面时可以像杂技演员一样腾空旋转，因此也叫作飞旋海豚。它们有时会集结到 200 多只，一起在珊瑚礁附近巡游。

短吻丝鲹是一种大型鱼类，会造访珊瑚礁，寻找这里丰富的甲壳类动物和小鱼为食。

海草在礁石覆盖的水中生长。**儒艮**（gèn）在水下的憋气时长可达 6 分钟，它们每天都会花很多时间吃海草。

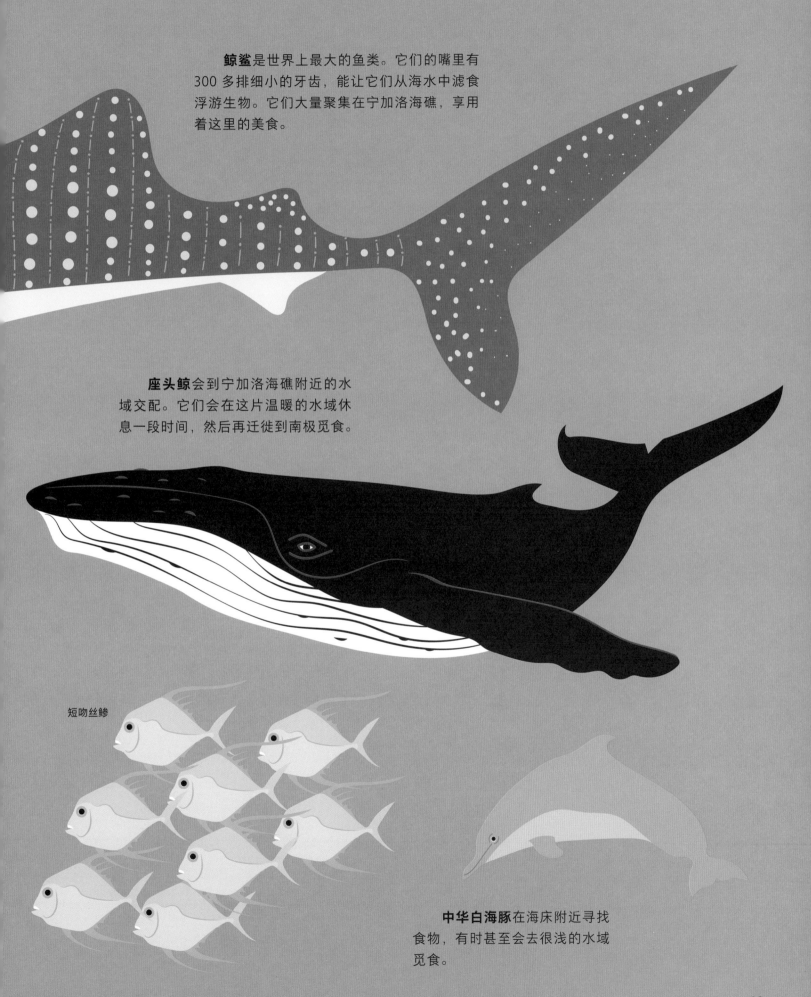

鲸鲨是世界上最大的鱼类。它们的嘴里有300多排细小的牙齿，能让它们从海水中滤食浮游生物。它们大量聚集在宁加洛海礁，享用着这里的美食。

座头鲸会到宁加洛海礁附近的水域交配。它们会在这片温暖的水域休息一段时间，然后再迁徙到南极觅食。

短吻丝鲹

中华白海豚在海床附近寻找食物，有时甚至会去很浅的水域觅食。

面临危险的珊瑚礁

没错，这又是人类惹的祸……

你知道吗? 虽然人类在远离珊瑚礁的陆地上生产、生活，但依然会对脆弱的珊瑚礁生态系统造成很大的破坏。

全球气候变暖

人类用于取暖、运输和制造业的大部分能源是化石能源，化石能源燃烧后会向大气排出大量的二氧化碳（CO_2）。森林不能消耗过多的二氧化碳，就导致二氧化碳等温室气体像厚厚的玻璃罩一样，不影响太阳辐射透过，却能阻止地面热量散发，致使地面温度上升，形成温室效应。

温室效应导致全球气候变暖，海洋温度升高，破坏了珊瑚的生存环境，使整个珊瑚礁生态系统面临威胁。

泥沙沉积

砍伐森林与不合理开发耕地，会让土地变得非常松散，使泥沙流入海洋，将珊瑚礁埋没。

被泥沙掩埋的海洋生物

珊瑚白化

海水温度升高会给珊瑚带来压力，导致它们排出虫黄藻。而失去了虫黄藻，珊瑚就失去了颜色，这就是珊瑚白化现象。白化的珊瑚可以存活一段时间，但如果不能重新获得虫黄藻，它们就有死亡的风险。

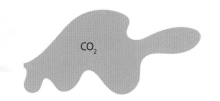

CO₂

塑料垃圾

不幸的是，大多数塑料垃圾没有被回收，而是最终进入海洋。当它们在海洋中漂流，可能会困住海洋生物，也可能被海洋生物误食。有些塑料垃圾在海洋中会逐渐破碎为微塑料，聚集在海洋动物的胃和鳃里，严重影响它们的健康。

过度开发的旅游业

虽然游览珊瑚礁是一种美妙的体验，但如果那里承载过多缺乏环境保护意识的游客，就可能会造成珊瑚因为触摸或踩踏而损坏、垃圾泛滥、海洋生物的生活环境受到影响等一系列问题。

贝壳

捡拾贝壳和采摘珊瑚作为装饰品出售。

被困住的鱼

微塑料

一些防晒霜中含有微塑料。

蠵龟

虫黄藻在健康的珊瑚体内共生，使珊瑚呈现不同的色彩。

虫黄藻流失，珊瑚开始失去色彩。

白化的珊瑚面临死亡的风险。

保护海洋，拯救珊瑚礁

低碳生活，其实并不难

为了避免珊瑚白化、珊瑚礁退化，进而保护地球家园，我们应减少二氧化碳的排放 —— 低碳生活，从现在开始。

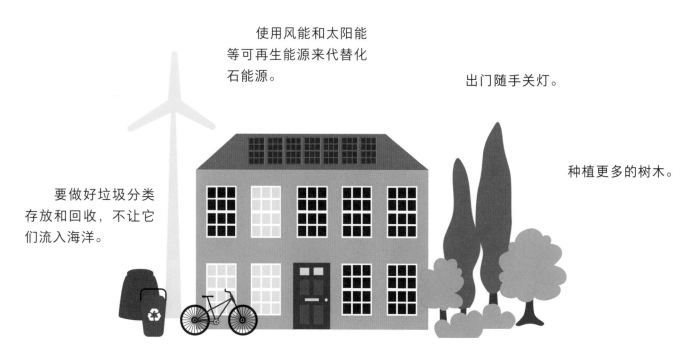

使用风能和太阳能等可再生能源来代替化石能源。

出门随手关灯。

种植更多的树木。

要做好垃圾分类存放和回收，不让它们流入海洋。

尽量步行或骑自行车。

垃圾多久才能被降解?

垃圾的生物降解是指垃圾经环境微生物的生物作用，分解为对环境无害的化学物的过程。了解垃圾需要多长时间才能被降解，可以帮助我们在消费时更加理性。

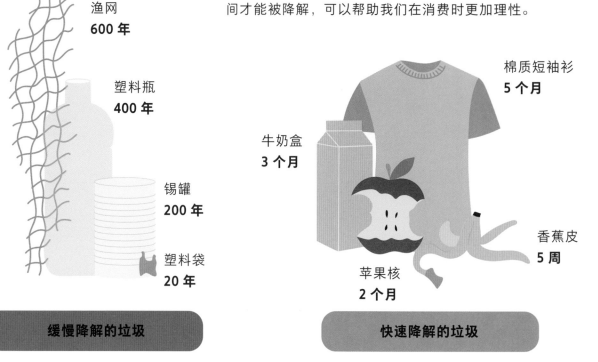

渔网
600 年

塑料瓶
400 年

锡罐
200 年

塑料袋
20 年

牛奶盒
3 个月

棉质短袖衫
5 个月

苹果核
2 个月

香蕉皮
5 周

缓慢降解的垃圾

快速降解的垃圾

用科学的方法拯救珊瑚礁

科学家正在努力研发更环保的可快速降解材料渔网，同时也在尝试重建和修复珊瑚礁。

渔业的可持续发展

新型可生物降解渔网的研发，能推进渔业资源的可持续利用。这种渔网不仅降解速度较快，而且网孔更大，方便小鱼逃生，让它们获得生长与繁育的机会。

将鱼引回珊瑚礁

健康的珊瑚礁拥有喧闹的噪声，科学家们研发了可以在水下播放鱼类声音的扬声器，安放在需要修复的珊瑚礁上，将鱼类吸引回来。鱼类能和造礁珊瑚协同演化，互利共生。

珊瑚园

科学家们发现一些沉船上长满了珊瑚，意识到珊瑚可以生长在其他材料上。于是，他们在特定的海区培养珊瑚，待珊瑚生长到一定大小后再移植到已退化的珊瑚礁区域。

保护区

为了防止机动船以及过度捕捞对珊瑚礁造成伤害，越来越多的海洋保护区正在被建立起来。这一做法不仅能避免过度捕捞，还能限制游客数量，减少海洋垃圾。

名词解释

濒危物种： 现生物种遭受各种不同直接或间接因素的威胁，种群数已很少且处于危亡状态的物种。

捕食者： 捕食其他动物的动物。

共生： 两种或两种以上生物生活在一起的相互关系。

海洋发光生物： 海洋里能发出可见光的生物。它们利用发光来照明、寻找食物、求偶和自卫。

脊椎动物： 体内有由脊椎骨组成的脊柱的动物。

可持续利用： 对资源的合理开发和利用，使再生性资源保持再生能力，非再生资源不致过度消耗。

猎物： 被其他动物捕食的动物。

生物多样性： 地球上或特定栖息地中动物、植物等生物种类的丰富程度。

生物降解： 存在于环境中的污染物质经环境微生物的生物作用，分解为对环境无害的化学物的过程。

食物链： 在生态系统中，不同生物之间由于吃与被吃的关系而形成的链状结构。

无脊椎动物： 体内没有由脊椎骨组成的脊柱的动物。

夜行性鱼类： 在夜间活动与进食的鱼类。

索引

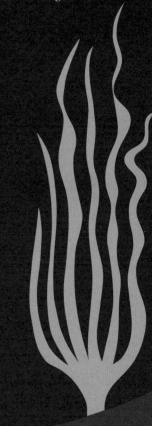

图书在版编目（CIP）数据

潜入珊瑚礁 / (英) 瓦西里基·佐玛卡著 ; 张园园,
谭超译. -- 北京 : 中国友谊出版公司, 2024. 10.
ISBN 978-7-5057-5983-1

Ⅰ. Q178.53-49
中国国家版本馆CIP数据核字第2024JV0057号

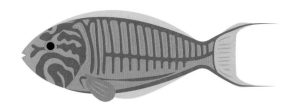

著作权合同登记号 图字：01-2024-4756
审图号：GS京（2024）1387号

Published by arrangement with Thames & Hudson Ltd, London
Dart and Dive across the Reef © 2021 Vassiliki Tzomaka
Designed by Emily Sear
Marine Consultancy by Olivia Forster
This edition first published in China in 2024 by Ginkgo(Shanghai) Book Co., Ltd Shanghai
Chinese edition © 2024 Ginkgo (Shanghai) Book Co., Ltd

书名	潜入珊瑚礁
作者	［英］瓦西里基·佐玛卡
译者	张园园　谭　超
出版	中国友谊出版公司
发行	中国友谊出版公司
经销	新华书店
印刷	北京利丰雅高长城印刷有限公司
规格	635毫米×965毫米　　8开
	8印张　　100千字
版次	2024年10月第1版
印次	2024年10月第1次印刷
书号	ISBN 978-7-5057-5983-1
定价	78.00元
地址	北京市朝阳区西坝河南里17号楼
邮编	100028
电话	（010）64678009